U0353324

典藏新中式

中式样板房

中 国 林 业 出 版 社

China Forestry Publishing House

目录

 Contents

维拉的院子

Qilu. Jian Qiao community: "Aston Villa's yard" on the 5th House

设计单位：济南优策造境艺术设计有限公司　　设计师：李小军

项目名称："维拉的院子"5号公馆

项目地点：山东济南市

项目面积：185平方米

主要材料：家具：U+家具

　　　　　卫生洁具：TOTO

　　　　　木地板：莱茵阳光

　　　　　地砖：金意陶

　　该项目位于章丘市齐鲁涧桥——维拉的院子别墅区内。经与甲方沟通，定位为现代中式风格。保持原有建筑的空间感，摒弃复杂的装饰造型，通过后期的家具、饰品配套等营造一种既具中国传统文化的神韵又有现代生活意境的新中式风格，市场定位为注重文化与品味的高端人士。

　　本案在设计手法上追求现代简洁，材料选择平实自然，色彩灯光则沉稳低调。新中式风格的家具是营造本案整体氛围的亮点，与众不同又极具现代感，使得整个空间所蕴涵的内在气质内敛、平实而又精致，做到浑然天成，收放自如。

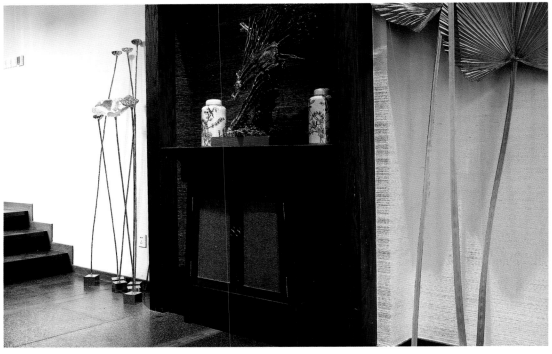

作品在空间布局上强调中式古典与现代的融合，根据户型营造不同生活场景。一层客厅与餐厅的落差增加了空间的流动感，楼梯踏步悬空处理，通过长长的白色钢筋从一层拉伸至三层，将整个空间贯穿，用最简洁的手法达到较强的视觉冲击力。

作品广泛使用本地常见济南青大理石并在表面进行特殊处理，与老榆木镶嵌使用，使之更加自然温润；原木、竹子、自然草编壁纸也做为主要的表面元素适时使用，从而表达自然而然的设计气质，并衬托出陈设品的精致之美。

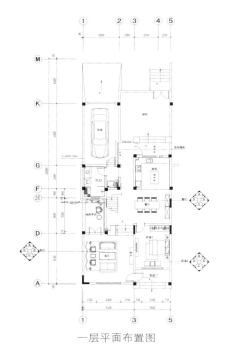

一层平面布置图

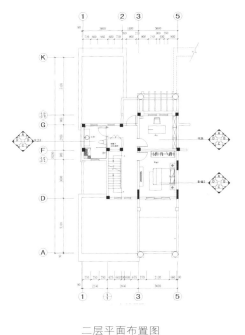

二层平面布置图

公园住宅
Park Residence

设计单位：KLID 达观国际建筑室内设计事务所　　设计师：凌子达、杨家瑀

项目地点：天津

项目面积：280 平方米

主要材料：拉提木、闪电米黄、欧洲茶镜、
　　　　　碳色拉丝不锈钢

本案户型是一个复式的房型，拥有许多挑空空间，可以增加面积和功能，而且开发商在原本的户型中也不去设定楼梯的位置，留给设计师更多发挥设计想象的空间，也有更多自由设计的可能性。

经过整体规划后决定把楼梯放在户型里中间的位置，在动线上是去所有空间中最短的距离，其次在一楼入口进门可直接看到楼梯，楼梯本身就像是雕塑，挑空位置设计了水晶灯，使视线一直延伸至二楼。整体设计风格十分纯粹雅致，单一的材料大面积的运用，使空间色彩配置更为的纯净，而软装家具设计也以浅色系为主。

回归原始 沉淀心灵

Tianjin Bo Xuan Yuan type 9E

设计单位：北京睦晨风合艺术设计中心 设计师：陈贻、张睦晨

项目名称：天津博轩园 9E 户型

项目地点：天津

项目面积：160 平方米

主要材料：木纹石、实木地板、麻质壁纸、
石材马赛克、白色乳胶漆

生活本身就是艺术创造的基础，唯有把生活本身当成艺术创造和审美的过程，才能彻底领悟生活的意义。追朔千古，真正的生活应该和植物、鸟语、平和、度假、休闲等结合在一起。而现代的生活紧张、急促，我们都迫不得已的过着本不属于自己内心的快节奏生活，在室内的装饰风格上，也都追求奢华、繁琐的装饰风格来满足我们忙碌过后的不平衡感。但这是我们内心的真实向往吗？

相信在这个繁华的都市里，我们都希望有一块地方，回归原始，沉淀心灵。这正是设计师想要带给我们的一种淡泊宁静的生活方式。

此项目样板间就是设计师为提供给主人以修心养性、及收藏会友所量身定做的私人场所。空间以传达轻松、舒适、放松的氛围为目的。推门而入，"绿竹入幽境，青萝拂行衣"，这全靠两旁的木质格栅所营造出的氛围。这个木质格栅的设计灵感来源于竹子，设计师借用竹节的形式，设计了这种木质格栅的样式。脚底的踏石加上青嫩的竹叶、带给人一种自然亲切、平静放松的感觉，悠闲、随意的生活意境尽显眼底，浓郁的东方禅意气息随之而来。

每一块石材、每一种材质、每一件摆件都在设计师的看似随意的安排下融入到整个空间中。茶室榻榻米的形式更是带给人一种放松感和亲切感，一个小桌、两个草垫，便可轻松品茗、悠然地下棋。

设计师通过运用现代造型方式和传统中式形式语言的结合，在平层公寓中尽力营造出一种具有浓郁的东方文化气息特色的氛围，进入空间后能感受到具有中式的空灵与原始的淡泊气息的生活方式。

与如今的一些洋房洋楼所对比，这套样板间所传达出来的新中式风格，使人感觉历久弥新，我们能感受到一种相对的时间差异感所带来的宁静，一种设计师所营造出的时间的美感。"离别繁华世，归隐山竹林"，设计师力求通过我们的生活环境带给我们一种温暖、放松、安逸、祥和的感觉。

一层平面布置图

新禅意的空间智慧

Shanghai Greenland-new wisdom Zen space

设计师·葛亚曦

项目名称：上海绿地新江湾名邸

项目地点：上海

项目面积：125 平方米

　　该套住宅是上海绿地新江湾名邸的精装样板房。整个空间有着独特的气质：简、精致、温暖。没有繁复的细节，没有奢华的格调。设计师希望用极简的线条与淡雅的纯色相搭配，创造质朴却不失品位，含蓄但不单调的生活氛围。

　　东方的静谧安逸和简约利落的现代风，有着同样的精神诉求 —— —— "少，即是多"。在这样特定的空间环境下，除却繁冗雕饰脂粉皮毛，只剩下禅意的风骨和博大的空间智慧。生活本真的气度在这样的居家环境中酝酿升腾。这也与中国古人对居住环境提出的"删繁去奢，绘事后素"的理念不谋而合。

一层平面布置图

"少而精"的手法在空间中显而易见，首先是家具和物品的陈列上，没有多余的造型、没有多余的装饰，一切都为功能所用，从本真出发；其次再看空间的色调，除了深色的木之后，大多选用了比较素雅的米白、灰绿、灰蓝、浅啡等纯色的块面。用色虽然不多，但却非常讲究，这些来自大自然中的颜色，在表现含蓄的同时，也带来视觉上的一抹清新。

与传统的表现禅意的手法不同的是，LSDCASA 此次在材质的选择上，摒弃了常用的低反光、粗朴质感的材料，而使用较为细腻、缜密的木及金属等。空间的整体气质显得更为精致与高贵。家具的款式和比例上也精挑细选，线条简洁、造型却很柔美，在动与静之间给人稳定的感觉。仔细观察会发现，这些家具每一件都非常强调直线背后所蕴含的细节，明明是简单的直线条，却能够读出行云流水般的流畅感觉。

与木为亲，简单大用
Affinity to wood, simple but grand

设计单位：天坊室内计划有限公司　设计师：张清平

项目地点：台湾省台中市

项目面积：198 平方米

主要材料：珪藻土、砂岩、实木

本案的空间，主轴不在彰显特定的风格，纯粹，是为了生活而存在。设计，以简驭繁，是一种细致化更为内敛的态度。剥除扰嚷的细节、保留实在的精粹，收放之间更见挥洒，取舍之间表现真挚。

简单实在的精粹元素最让人安心，呈现无压的清爽放松。素朴的原木不只易亲，经设计更显开放与通透，就是美学、就是大用。

内外有别的空间机能安排，贴合业主的生活习惯。推拉式格栅与开放式内部格局，是充分理解业主渴望拥有清静温暖的退休生活后的细腻安排。

大量使用质感亲切的原木与石材，利用自然线条纹理，整合空间里的气流、视觉及动线，原木及粗面石材释放出的亲切质感，剔除纷扰让家温暖而安静。

一层平面布置图

万科郡西别墅

Vanke Junxi Villa

设计单位：LSDCASA | 设计师：葛亚曦

项目地点：浙江省杭州市

项目面积：640 平方米

郡西别墅，居万科良渚文化村原生山林与城市繁华怀抱内，背山抱水，拢风聚势，是万科风格精工别墅的巅峰作品。设计独具匠心，以返璞归真的居住品位将财富阶层的信仰与文化内涵，以及当地最具代表的玉石文化相结合，通过现代手法重新演绎当代艺术精髓，提炼出居住空间的完美交融气质。

泛东方文化的传统元素为该居所塑造了富有艺术底蕴的尊荣姿态。设计萃取杭州当地西湖龙井的清汤亮叶与桂花的清可绝尘等自然传统文化精髓，辅以罐、钵、瓶、水墨画等东方文化中式元素，回归内在的价值观与文化诉求的同时自然将中式力量呈现。融合并

济的多元创新手法，碰撞出了崭新的装饰风格，给人以低调、内敛的艺术品位。

　　空间共分为三层。一层门厅以深咖色和米色为主，稳定、质感、暗藏奢华，仪式感油然而生。加上铁艺吊灯，精致瓷器及拉升空间的花艺，增显气场。客厅为满足主人社交的公共空间，质感奢华的绿色和灰色沙发，中式地毯、奢华的摆件和点缀其间的精致花艺，严谨和骄傲的背后，透露着仪式和稀缺感的力量。沙发背后的竖式水墨画，意境清新淡远，给此空间平添了文化历史感。　二层为私密的卧室空间，其中主卧以内敛的灰色和墨绿为主色调，墨色花纹壁纸、整齐的画框墙面，简约洗练的边柜，细节所到之处无不体现主人的艺术品位，烘托出空间的品质感。主卧衣帽间在黑色调的基础上加入灰色和金色点缀，呈现出主人的精致与品位。　负一层门厅是整座居所的风格浓缩，藏蓝色中式案几、橙黄色现代风格油画、橙色将军罐、精致的花艺、中国传统的石狮和现代镂空铁艺塔在同一空间融合共生。多功能厅以柔软质感的布艺沙发，线条简约的大理石茶几，兼具东方的静谧安逸和简约利落的现代风。

　　材质的选择则摒弃了常用的低反光、粗朴质感的材料，而使用较为细腻、缜密的木及金属等等，空间的整体气质显得更为精致与高贵。

　　以当地传统元素诠释的郡西别墅，在原空间基础上布置、细化与整合，借以行云流水的空间动线形成配合空间的布局。仔细观察会发现，每一件家具都强调直线背后所蕴含的细节，家具的款式线条简洁、造型柔美，在动与静之间给人稳定的感觉。

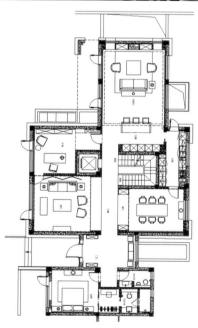

一层平面布置图

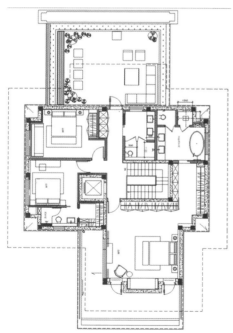

二层平面布置图

云砚——新东方人文情怀
Yun yan-New Oriental school humanities
设计师：张清平

项目名称：某中式风格样板房

项目地点：中国台湾台中县

项目面积：235 平方米

空间中每一个细节的安排，是对生活的热爱转成不一样的细腻，是刻意的空间退缩，让空间融为一体，成就更宽阔的视野；是自然风情的植栽，形成生活隐私的自然屏障，让家在城市中也能感受到为宁静生活所构思的规划。

作品透过丰富的感官体验，让空间使用者能身临其境，涵养以东方美学为主、欧陆浪漫为辅的折衷人文概念。

简敛素朴，是一种极限精简而内蕴浑厚，由外而内皆臻和谐的态度，在大器壮阔的布局里，让木、石、金属等各类质材，展露各自的肃穆与端庄，轻盈游走

的乾净线条，既有现代的精准，也有来自中式窗花的抽象表述，将暖暖内涵的人文坚持，婉转铺陈于每一个角落。

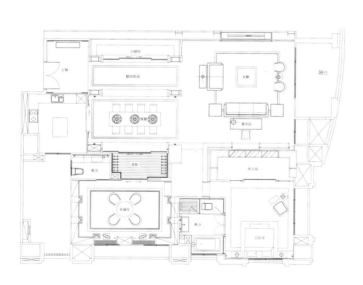

一层平面布置图

设"即"空
Let "or" empty

设计单位：福州子辰装饰设计工程有限公司　　设计师：周少瑜

项目地点：福建福州

项目面积：160 平方米

主要材料：磁砖，木板，墙纸，地板

本案业主为中年人，喜爱东方文化，要求我们给营造个简约又不失奢华，安定祥和，一种能让人回到家心就能静下的空间。

为营造这种氛围，在设计中在空间上大胆规划，在满足舒适的安静的睡眠空间前提下，在公共空间上创新，用简单的设计符号，用传统的移步换景的空间手法，勾画出了简单的、奢侈的空间。如悠闲的前茶室、简约的开放的厨房餐厅、宽大又不失时尚的客厅、犹抱琵琶半遮面的书房、意由心升的后休闲阳台。各空间的融通贯穿营造出的禅意是本空间的精髓。

在材料上选用了普通的灰砖、金刚板、原木、墙纸，色彩把控上简单采用了灰、白、咖三色，灯光上使用 LED 光源，不用主灯主要采用背光源来营造出一个简单而又不失奢华、安静的都市绿洲，一个具有东方韵味的家。

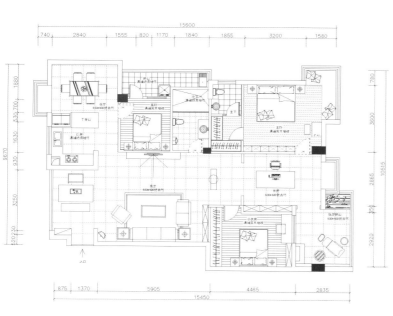

一层平面布置图

"山居"——裸心的生活
Tai Qi Guoshan Shu, 32nd floor, showroom
设计单位：成象空间策划　　设计师：岳蒙

项目地点：山东泰安

项目面积：165 平方米

"山居"是一种生活方式，远离尘世的喧嚣，颇有隐居于此的静谧。生活的内容感来自于细微的感动，用色彩来协调空间的存在是一种生活态度，本户型在色彩上主要以咖啡色为主色调，富有生命气息浓重的绿色跳跃于空间的每个角落，有种"空山新雨后，天气晚来秋"的清朗与惬意。

推开门，首先引入眼帘的是客厅与走廊交界处极具欢迎性造型富有张力的太湖石，秉承泰山的文化，延续泰山的地域特色，太湖石是最具代表性的选择。伴随太湖石造型伸展的方向我们看到的是客厅部分，现代中式的品牌家具，薛亮的装饰画《静夜》，水墨

画地毯，层澜叠嶂感觉的贝壳壁纸，古铜色做旧的小鸟挂件，贝壳夹丝玻璃，不锈钢与亚克力结合的花槽内置绿色毛石头与花卉，富有自然气息的原木落地灯，现代感十足的方形水晶吊灯，日式铁壶，茶船，香炉与香灰……看着这些，悠然而静谧的生活便跃然而生。

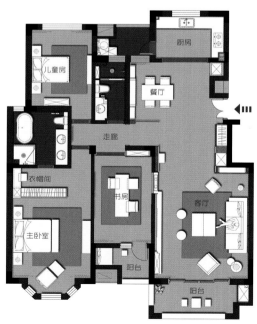

一层平面布置图

　　餐厅部分与客厅含情而望，夹丝玻璃使餐厅与走廊隔而不断，整排亚克力红酒架大气而独特，镜面电视现代而时尚，最惹眼的是餐桌中间大盆热烈的黄色跳舞兰，热烈的黄使整个空间瞬间鲜活起来，更呼应了厨房的热情，把女主人在厨房为一家人忙碌的热情传递给整个空间，一个充满爱的家才是温暖和幸福的，一个有热情的家才是心灵停靠的港湾。

成都中国会馆小院
Chengdu China hall courtyard
设计师：周勇

项目名称：中国会馆户型二
项目地点：成都市金堂县赵镇西家坝
项目面积：158 平方米

本案从门、窗、瓦、到屋脊、台阶无不体现着中国会馆之用心。入户门为纯精铜铸造，特别用腐蚀纯手工打磨工艺，较之普通大门更显浑厚，更耐岁月风雨。作为中式建筑最富特色的悬三式斜屋顶设计，中国会馆在此基础上进行提纯改良，剔除多余的形式和繁琐的装饰，保留传统中式建筑的精髓与意念，屋瓦全面应用现代复合金属，较之普通材料在防水性与耐久性、保温隔热等性能上有更突出的表现，同时又充分保留中国建筑青瓦的形制色彩，轻盈飘逸，可谓集萃古今。屋顶采用双曲线设计，由上到下呈现两个曲面，顺着空间既有的气息，将中式庭院特有的情韵质感释放出来。针对院墙、台阶、外墙、地砖等建筑构件，特别采用赭石、条石、仿火山石、汉白玉等诸多石材进行应用，凸显中式庭院特有的浑厚质朴的神韵。 传统四合院的空间构架、平面布局有着完美的结合，既保有四合院良好的私密性，又兼有后现代建筑的通透视线。

中国会馆的空间构成特点：由七户小别墅围合成一个中式的大院子。形成一个各户家庭能共享的超级前院，利用合理的建筑摆放，让每户拥有一定的私家庭院空间。其中小院户型建筑面积210.7平方米，户型二建筑面积158.4平方米。别墅给人的感觉都是大空间、带景观的院落。但不是大多数人都能享用。于是中国会馆推出"锦瑟坊"小别墅合院。这是一个"凸"字型户型，我们将原来的门厅位置并入厨房。入户由客厅直入，这样避免因门厅过小感到急促，而且利用客厅享受前后花园的有利条件。同时厨房也变得更大。书房被设计成开敞式也便于参于到后院的景观中。二层主卫和衣帽间合并在一起，即有功能的联系，又能有效的利用空间。充分利用"凸"字形建筑空间的特点，将各自使用空间以简洁材料、统一手法虚实分隔，让158平方米的小户型别墅，产生一种清淡、平静、随和的东方小调情结。

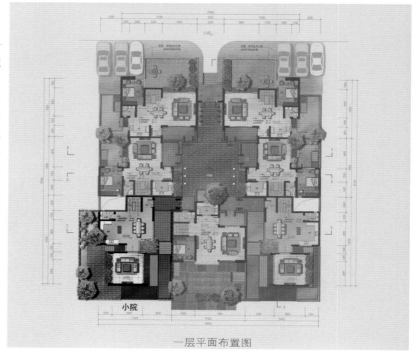

一层平面布置图

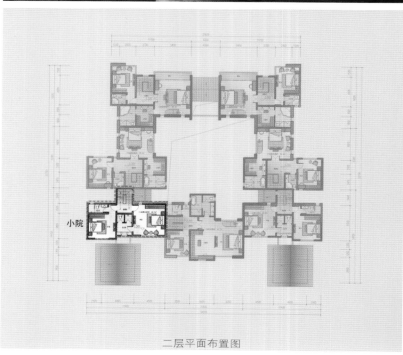

小院

二层平面布置图

梦想家园
Hall c-Chengdu China showroom

设计单位：成都市雅仕达建筑装饰工程有限责任公司　　设计师：周勇

项目名称：成都中国会馆C型样板间
项目地点：成都市
项目面积：360平方米

　　我们一直把握"充分满足现代功能，用现代设计手法和材料演绎传统"的基本设计理念。院落文化是中国传统住宅建筑的精髓，几千年来，院落不仅是一个具备功能的物理空间，同时还是国人的心灵归属。中国会馆在产品定位上就是努力在寻找我们失去了的心灵归属，寻找当今国人的梦想家园。

　　我们定位为"河边的院子"，在规划上我们满足了"河边"，在建筑上我们要满足"院子"。"河边"和"院子"就成为了整个项目的灵魂。

根据功能的需要，对室内外空间进行重组合成。做到现代功能的传统演绎，但是空间的序列和感受是我们对传统的尊重和传承。中国会馆 C 型的户型强调中轴线。从进入院门到家庭厅的后院，两边的房间都比较对称，是有鲜明代表性的中式院落住宅。进入院门后是门厅。这里原来是庭院的门斗和院廊，和前面的露天庭院都纳入到室内空间，形成空间上的交通节点。在中轴线上，客厅和家庭厅都通过内院围廊与其它房间相连，室外的围廊被中空玻璃封闭。不仅增加了各个房间的联系，还扩大了餐厅、书房和家庭厅的面积。

对传统的石材和木材进行再加工和创作，根据设计的需要，本案中出现了同一材质不同厚度的板材和块材。另外对玻璃的安装工艺也做新的尝试，在廊顶使用弧形钢化玻璃的拼装。

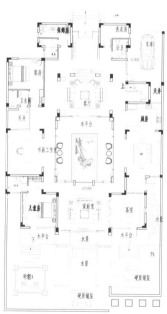

一层平面布置图

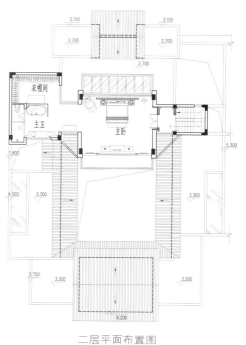

二层平面布置图

奢华的时尚
Fuyang--mountain wild wind model
设计单位：浙江亚厦装饰股份有限公司　　设计师：孙洪涛

项目名称：富阳野风山样板房

项目地点：浙江省富阳市

项目面积：350 平方米

在多元的文化影响下，我们将古典融入到现代，踏着灰木纹石地面你会发现整个客厅与餐厅都是有一些深浅灰白色调的方形或菱形图案组合搭配的，同时交织出空间的层次和趣味。

演变简化的线条套框中带有独特的茶镜，通过简洁大方的设计理念形成丰富多彩的"空间节奏感"。设计形式较为简洁的壁炉同样完美的结合到整个空间当中，它所体现的质感及浪漫的简洁之美。

客厅内，造型简洁的浅色沙发与深色的墙面、方正而又带优美曲线的茶几和欧式花纹地毯形成视觉冲击，达到通过空间色彩以及形体变化的挖掘来调节空间视点的目的。

简洁的图案造型加上现代的材质和工艺，古典的装饰氛围搭配现代的典雅灯具，宣泄出奢华的时尚感。融合新古典与现代的技术手法，彰显其气质。

东方之冠
The Crown of the East
设计单位：天坊室内计划有限公司　设计师：张清华

项目地点：台湾台中

项目面积：180 平方米

主要材料：大理石、不锈钢、茶镜、黑镜、
　　　　　砂镜、茶玻、柚木、黑檀木、马赛克、
　　　　　金泊

玄关：开门即见点题的中式窗花图腾，以精致雕刻的镶空衬托典雅气韵。并以茶镜加上窗花图腾来形成景象延伸，天花采用多层设计点出官式宅邸特有的步步高之意。

衣帽间：繁花并茂的壁纸呈现春回大地的吉祥意涵，并以云型陈列架，带来好运。

回廊：是连串所有空间的重要动线。因此特别以西式美术馆、艺廊的空间概念出发，加入中式回廊的幽曲美妙，随处可见主人的珍藏物件。红色牡丹屏风以花开富贵之姿带出喜气，色彩鲜艳瑰丽呈现强烈的视觉效果。多层天花象征步步高升，最高层以传统蝙

蝠图腾的镜面象征晴空万里福寿绵延，并以串串水晶，示意福气所带来的串串财宝。

客厅：以象征钱币的回字型天花及加厚立体设计的大幅牡丹墙，在宽阔的空间中形成视觉凝聚，点出东方人文的极致风华。格局规划除了立于空间中心点，呈现非凡的大器度外，更结合建筑本体的优势，以无阻隔的餐厅、书房、回廊、户外景观为延伸，成就出运筹帷幄的磅礴气度。

餐厅：高贵优雅的大理石柱区分定义客厅与餐厅空间，天花采用圆型设计加上家具的陈设，营造轻松的用餐气氛并传达出团圆圆满之意。

书房：整体空间气氛可说是法式沙龙的中国版。造型方面，将西洋文化融入中国文化，减低欧式现代家具夸张华丽的装饰风格，却多了中国的含蓄优雅。天花板的以平静的方格，展现出平凡中见不凡的气韵。

主卧房：多进式的主卧以造型独特的弧型主墙为设计焦点，层叠质感让层次感丰富，更以延伸而出，如手般的环抱带出拥抱般的温馨。简洁纯白的主卧更衣室，以丰厚绷布板及线条精致的家具，发挥出白色的璀璨多变，让房间充满了雍容华贵的复古氛围，显出高人一等的气度与经典百老汇般的时尚意味。主浴方面空间十分宽敞，设计风格以南洋spa为主调，巧妙的以透明玻璃及马赛克，让设计感不胫而走。

女孩房：如丝绸般的花漾少女情怀，镶刻内置间接光的主墙，呈现独特的浪漫。

男孩房：以现代感为主题，床头主墙以双层玻璃设计加上层叠的图腾造成强烈视觉上的错位扩大空间，凸显质感。天花板的造型延续到更衣室，有统整空间的效果。

孝亲房：有着令人惊艳的欧式混合着老上海风情，红色壁纸的风格突出，更衣室走高品味路线，衣柜的样式是精准的放大中式图腾，搭上低调的灯光与古香古色的摆设，这里的每个转角就宛如电影场景一般的令人欣喜，如果十里洋场上海滩，要找个地方复活，或许就是东方之冠。

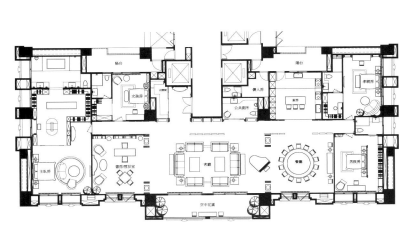

一层平面布置图

自然生态的空间再现

Unit 201,Building E1,Area A,Phase IV,Zhaoqing New World Garden

设计单位：广州市柏舍装饰设计有限公司　设计师：黎文伟

项目名称：肇庆新世界花园四期A区
　　　　　E1栋201单元样板房
项目地点：广东肇庆
项目面积：298平方米

本案位于广东省肇庆市区伴月湖西岸，邻近星湖风景名胜区。项目所在是一栋临湖复式洋房的顶层单位，共四层。其地理位置优越，周边环境得天独厚，原建筑有四房三厅，每个房间都可以将星湖美景收入眼底。

营销主要针对大家族的买家，注重与家人的团聚和沟通，也注重家里其他家庭成员的喜好及生活习惯；同时主人有一定的社会地位，需要满足其精致型的社交生活。另外，希望把自然生态的生活理念引入到这套样板房。所以，我们在设计上希望藉由空间的规划与设计细节，以达到提升居住品质和美学境界。

　　在平面布局上，设计在通过对原建筑的分析后，希望把原建筑的优势尽可能扩大，同时把平面功能上的缺点作调整，以达到从功能上满足买家的使用需求。首先，从入户花园进入，通过玄关，6 米层高的中空大客厅会出现在眼前，设计尽量保留墙体的干净，以及客厅落地玻璃门的设计，将室外湖景引入室内，首层还有一个餐厅的空间，设计把厨房与餐厅打通，让空间更通透，显出大宅的气派。通过半层楼梯后，夹层（二层）是主人房独享的一层，连通书房和衣帽间，还有独立的主人套房卫生间，使业主可以独享全层之余，也保证了主人房的私密性。原建筑四层的空间只有 3 个卫生间，显然是不够的，而且不能满足套房的需求。所以，在与建筑方就设计需求协调之后，在三层增加一个客卫，满足了套房的设计要求，同时也解决了小孩房及四层家庭厅的功能需求。另外，每层都有各自的户外露台、阳台，以休闲功能为展示主题，结合不同的功能的娱乐，使业主能够充分享受该地区的优美生态环境。

　　风格设计上，设计以现代舒适为基调。利用柚木实木线条以竖肋贯通中空客厅、餐厅、厨房、二层书房、三层的过道，以及四层的家庭厅也会出现实木竖肋的设计元素，使全层各个空间从而得到贯通，客厅主幅以银海浪为主材，利用石材的天然纹理作为主要装饰墙，体现自然与设计融为一体的风格，最后，配合现代东方的软装搭配，丰富了空间的层次，以雅致的中式饰品，提升了样板房的格调。

　　最后，以最大化的利用原建筑的门窗引入室外景观，除了能引景入户，也使室内拥有充足的采光度和良好的通风效果，冬暖夏凉的居住环境，绝对是都市人梦寐以求的家，另外，全屋采用的是 LED 光源，不但能保证充足的采光度，还能大大减低灯具带来的电耗及开支。总体设计遵循"自然、舒适、节能"的设计理念，用设计给空间做优化，启发用设计倡导绿色生活。

一层平面布置图

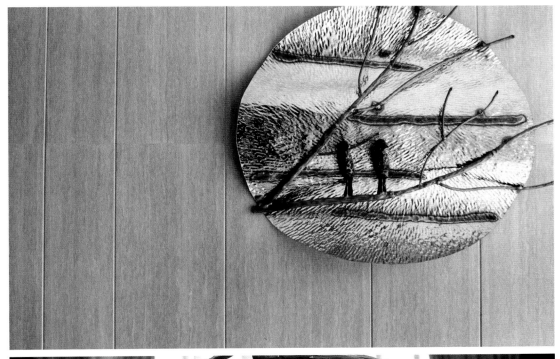

现代禅意样板间
Modern Zen model
设计师：张波

项目名称：宁波格兰晴天 H 户型样板间设计
项目地点：浙江省宁波市
项目面积：126 平方米

本次设计的风格为现代禅意，主色调为暖色系。禅，是一种心境。嵌入山水，融入自然，觅一份超脱都市的性情。禅，是一种回归。让干涸之心，重获生机；让疲惫之身，遁入自然之境。禅，是一种追求。避开喧嚣，独居一隅，心游万仞，目极八方。禅，是一种信念。它引导着你寻找生活真谛，并转化成生活中的智慧。

本次设计是围绕着"简练、安逸、自然"这一主题展开的，具有精致，温暖的独特气质，没有繁复的细节，没有奢华的格调。整个空间运用极简的线条与淡雅的纯色相搭配，创造出舒适而不失文化底蕴的家

居氛围。更能体现出主人的生活品质。

主体家具的形式都统一采用桦木实木框架，橡木染色木贴皮。软包面料多米白色亚麻布、深米灰亚麻布、丝绸质感中国蓝等，色调采用比较素雅的米白、灰绿、灰蓝、浅啡等纯色的块面。用色虽然不多，但却非常讲究，这些来自大自然中的颜色，在表现含蓄的同时，也带来视觉上的一抹清新。灯具都为水晶灯或工艺吊灯。装饰画采用映像派风格手绘工笔画或是现代水墨画，更突出整个设计空间的"禅意"感。

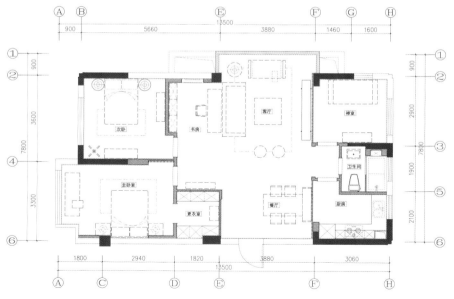

一层平面布置图

简约新中式
Jia Shanlin Taipei Residence 1 Sample house

设计单位：动象国际室内装修有限公司　　设计师：谭精忠

项目地点：甲山林台北一号院样品屋

项目地点：台北市林森北路

项目面积：248 平方米

主要材料：喷漆、镀钛、茶镜、钢烤木皮、
　　　　　钢刷木皮、陶瓷壁纸、壁布、
　　　　　海岛木地板、石材、夹纱玻璃、
　　　　　皮革等

本案位处于台北市中山区正都心精华地段，未来建筑机地拥有市中心地段、周边各项生活机能完整，交通网路便捷，紧邻商务中心，是理想的居住之地。

样品屋空间风格以都会艺遇作为主轴，成功人士的住家融合私人招待所的概念为空间发想。打破传统隔间墙的作法，重新思考空间的可能性和极大值，以开放、穿透的手法，将室内空间极致化。公共区壁面材质使用钢烤木皮涂装，不锈钢镀钛踢脚板与天花造型收边，带出空间的延续性。进入室内便能了解细节的精致处理并感受空间的张力与层次感。艺术品的呈现更加深了本案的设计深度及艺术涵养。

玄关以镀钛搭配钢刷木皮、深色皮革、茶镜的壁板造型，并在天花板运用相同的设计语汇，整体空间冲激观赏者的感观，展开进入样品屋的序曲。空间以深色调来营造神秘感并辅以镀钛金属来做点缀，透过质材的折射平衡了较浓重的色调，并置放当代艺术雕塑品于空间中央，让玄关弥漫内敛质感的视觉氛围。各样材质的壁板特性与收纳空间结合，柜内另藏有兼具衣帽与鞋子的收纳功能，也具备了绝对的实用性。

客厅，餐厅，厨房踏入玄关，映入眼帘是独特的展示空间，两边独立的客、餐厅相互辉映。壁面连续性的运用钢烤木皮，从走道延续至各个空间，利用镀钛造型分割条来贯穿整个空间与之相互呼应。客厅两面主墙利用灯光搭配镀钛呈现火光般的氛围、铺陈空间的质感与层次，呈现大器雍雅的气势；创造出独有的视觉韵味。悬立于餐厅中央位置的餐柜设计，柜身以钢烤木皮、加入皮革、石材、夹纱玻璃及镀钛金属来作细节上的处理来呈现空间的独特感与美学氛围，进而传达内敛沉稳却值得细品的生活态度。宽阔的厨房，加上料理设备齐全的高级厨具，不论用餐或宴客，在家就像置身于高级餐厅，拥有最佳的烹饪空间，更能体验烹饪乐趣。天花板照明设计也以夹纱玻璃材质规划，渗漏出柔和的灯光，丰富了整体空间的氛围。

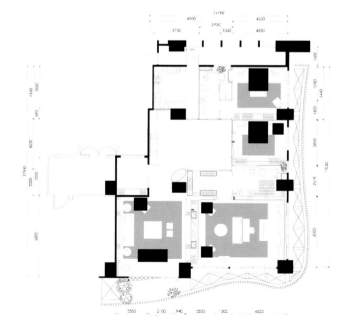

一层平面布置图

　　主卧室的设计以舒适且大器的基调来呈现，在重点墙面如：大面床头活动屏风与电视墙，皆以陶瓷壁纸及壁布为基底并在重点处运用铁件搭配柔和的灯光，呈现出主卧室的雅致与独特。另外在衣物收纳柜方面，除了运用钢刷木皮并且搭配皮革与茶镜，不同材质的运用提升了精致度；并辅以柔和的灯光，营造出别于一般衣柜的视觉韵味，反映出优雅的生活模式。开放式的主浴室，以茶镜代替一惯的轻隔间，开扩主卧与主浴间的视野。

　　卧房 A 为舒适、雅致、温馨的空间调性。整体空间以喷漆线板搭配钢刷木皮来呈现，并搭配大面皮革床头板，利落的线条加上柔软的氛围，扩大原本的小空间，体现视觉的延续性与精致质感。

　　次主卧房则为温暖、稳重与舒适空间。在主墙面大量采用皮革分割与墙面壁纸质搭配特殊木皮－雷丝木；素雅的天花板的造型，除了延续喷漆线板外，另结合茶镜，呈现不论昼夜都能有最佳氛围的呈现。公共浴室与次主卧房空间相连接。利用茶镜代替一惯的轻隔间，开扩次主卧与浴室的视野。走入浴室空间，映入眼帘即是大面明镜，与结合化妆区的大面洗手台，充分的光线与干湿分离的规划，在在显出此区的沉稳与实用性。

简约舒适的中国风情

Beautiful chestnut Rainy Lake in Zhuzhou project 4

设计单位：柏舍励创·5+2 设计　　设计师：陈俊伦

项目名称：美的株洲栗雨湖项目
　　　　　4#-01 样板房

项目地点：湖南株洲

项目面积：120 平方米

主要材料：石材、艺术布艺、艺术墙纸、
　　　　　艺术玻璃等

本案位于自然环境优越的株洲市栗雨中心商务区，自然环境优越，将被打造成未来城市副中心高尚人居生态社区。

本户型主要针对 40-50 岁的成熟型客户，三代同堂，对居住空间有一定的品位要求。设计以简约舒适为主基调，提取月季花为装饰元素，利用木肋和硬包拼花使"花语"贯通全屋，配合带有中式色彩的软装饰品，提升了公寓的整体档次。

　　原户型为三房两厅形式，设计师在分析原建筑平面布局后调整优化，将原入户花园作玄关功能布置，增加样板房的情景展示功能。将原空中花园改为餐厅，体现户型的实用性，以及优化空间比例和尺度；客厅主幅利用实木竖肋拼花的图案作为设计元素；茶室装饰框利用现代的材质，结合东方元素，配合软装饰品丰富空间层次。

　　主人房主要以三种颜色的硬包工艺拼出月季花的抽象图案，成为整个空间的亮点，另外主人房增加衣帽间功能，提升了主人房的奢华感和舒适性。设计师还在过道末端增设方形过厅，并将主人套房门作双门设计，以减低过道的沓长感，同时突显区域的重要性。现代士大夫的风雅生活正在慢慢复兴，品茗听曲，看画弹琴，时光的流逝在一片温婉恬静的气氛中慢慢荡漾开去。

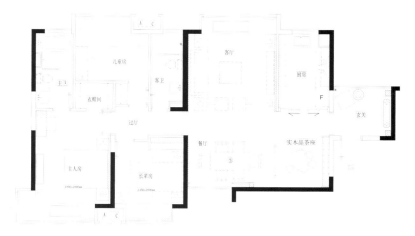

一层平面布置图

墨情空间
Ink space

设计单位：福州创意未来装饰设计有限公司   设计师：郑杨辉

项目地点：福州公园道一号

项目面积：178 平方米

主要材料：新中源陶瓷玻化砖、蒙托漆、
　　　　　得高软木、肌理灰砖、原木

根植在中国土地上成长的我们，对中式建筑及室内的理解各有不同，但一段原木踏步，一堵灰砖墙，一组水墨画，构成了我意念中的中式空间印象，此空间希望用最单纯的抽象性符号来营造新中式的空间气质。

在设计的过程中，居住者的使用功能依旧是我考虑的首要，一是做了空间的改造，将复式楼梯的位置改变了，二是在储藏使用空间的改造设计，比如将入口的鞋柜和洗手台柜合二为一，尽力做到视觉美感的纯净单一。

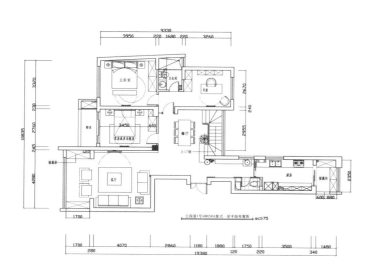

一层平面布置图

中式风格的全新演绎

Rongqiao Bund 5E model

设计单位：福州林开新室内设计有限公司　　设计师：林开新

项目名称：融侨外滩 5E 样板房

项目地点：福州

项目面积：223 平方米

主要材料：大理石、不锈钢、

　　　　　艺术玻璃、墙纸

　　一个样板房，必须有特色，通过色、形、摆设的搭配来创造能够吸引人的空间效果。

　　本案设计师采用独具一格的演绎方式，赋予中式风格全新的生命，致力从简单舒适中体现生活的精致。在这里，传统符号与现代元素完美融合，设计师有意识地整合多元文脉，协调细节，塑造出不同凡响的奢华气氛和空间内涵。

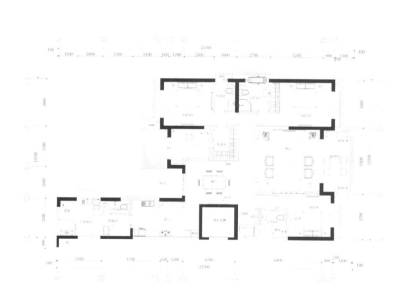

一层平面布置图

"笼子"与"多宝阁"
Vanke Model Home
设计单位：如恩设计研究室　　设计师：郭锡恩、胡如珊

项目名称：万科样第五园样板房

项目地点：上海

项目面积：350 平方米

主要材料：橡树木皮、黑花岗石、黑青铜、
　　　　　钢网、有色玻璃、大理石系列、
　　　　　墙纸

这两套样板房的设计，通过对两种不同家庭结构的思考，为现代中国家庭打造适合居住并极具艺术感的生活空间。

如恩设计研究室（Neri&Hu）对这两套样板房的内部空间进行了设计，设计共和（Design Republic）为空间内的所有家具及装饰作了精心筛选。

第一单元——三口之家：设计师夫妇和女儿

设计师将餐厅上方极具魅力的贯穿两层的空间作为视觉中心。一个木质屏风的"笼子"将它从整个居住空间中分隔出来 ——这给整体室内建筑定义了一个统一的主题，同时也使二层的空间更具私密性。这一单元的内部空间色调呈暖色系，同时又非常时尚雅致。设计师为精心摆放在不同房间的超现代家具设计了美丽的背景。这些家具中很多都是抽象的现代装饰，居住在这里的设计师夫妇与大家一起分享他们的现代艺术和设计品位。这一空间主人的设计品味和风格已成为了家居装饰的一部分。

第二单元——三代同堂

灵感来源于中国的传统家具"多宝阁"，这个居住空间的每个小单元都运用了"方形地带"的概念，奠定了空间结构的特色 ——如同规制的储物空间。居住 在这里的三代人都有他们各自的储物空间，在他们的储物架上都有各自为之着迷的收藏品。在一层的客厅里可以看到祖父母收藏的瓷器和陶器；地下一层紧挨着学习和玩耍区域的，是孩子们艺术和绘画作品的展示；三层的主卧里有父母收藏的书法等其它艺术作品。

这一单元其余的空间则由更为传统、量身定制的家具及收藏品系列进行装饰，呈现出非常舒适的居住环境和照明的整体效果。

禅宗意境

Shenzhen Yu-model I

设计单位：Eric Tai Design Co.,LTD 戴勇室内设计师事务所 戴勇 设计师

项目名称：深圳首誉样板房 I

项目地点：深圳

项目面积：120 平方米

主要材料：灰木纹云石、雅士白云石、
印尼火山岩、铁刀木饰面、
橡木地板、麻草墙纸

本案位于深圳观澜，项目周围是自然的田园景象，室内设计传达给人宁静悠远的中国式建筑的平衡之美，用现代简洁的手法营造质朴的禅宗意境。

一杯茶，一本书，静揽一室的儒雅，感受心底的宁静。地面拼纹的灰木纹云石，墙面深色的铁刀木饰面，米灰色的麻草墙纸，走道对面的佛像慈眉善目，茶几托盘上的兰花清新高雅，在柔和的灯光中呈现出沉稳内敛又自然质朴的中式意韵。

设计师精心设计的家具，悉心选择的古瓶，台灯，挂画，茶具，花艺等陈设物件，无不体现出返璞归真后的静谧感。设计手法退去繁琐的表象，挥洒有度的

笔触，不着痕迹地传达出"采菊东篱下，悠然见南山"的情怀。

闲时泡一壶清茶，细细品味东方的禅意古韵，自有一番回味悠长。

CHINESE STYLE
ELEGANCE

一层平面布置图

未来之光样板房
Future Flash model
设计单位：玄武设计群　设计师：黄书恒、欧阳毅、詹皓婷、蔡明宪

项目地点：新北市林口区

项目面积：317 平方米

主要材料：蛇纹石、银狐石、黄洞石、
　　　　　墨镜、雕刻玻璃、深色木皮

融情于景　取法古典的现代工艺

玄武设计沉潜于建筑结构与空间铺陈，导入东方人独有的悠然风范，轻描淡写之间，可见得存乎深厚建筑学理的机能主义，再现以情为主，佐景为客的优雅景观，构成生活艺术的美学基因。

构筑泱泱气度　宁静致远居自在

东方人向来重视厅堂门面，设计者撷取符号隐喻，藉由对称的软性家俬，不着痕迹地引导屋主的生活机能，以行云流水的墨韵促动视觉的跳跃，引导场域的跌宕变化，阅读空间时不难窥见文化的深厚底蕴。选择湛蓝色沙发作为客厅焦点，为空间设计的一大突破，

拥有大海般宽广、无所限制的包容度，体现东方的隽永气度。承袭西式美感的单件家具，在东方性格的领域里无损原有气质，藉由相异美学的融合，激荡出绝美风韵。

书院式喻景　虚实之间美不胜收

《兰亭集序》里，所谓"游目骋怀，足以极视听之娱。"，窗棂之美让视线流连忘返，形塑餐叙情境的唯美气质，玄武设计兼容东西，让传统东方的门扉，摇身一变成为兼具隔间与造景效果的利器，以"天圆地方"的架构规划出完备的用餐区，以缓步渐升的立体线条阐述圆融精神，经典的造型家私于动线中自成一格，文人雅士不单追求物质空间形态的创造，更注重由景观引发的情思神韵。

提升心灵层次的真善美

白居易诗云："人间有闲地，何必隐林丘。"，心灵的自在悠闲，反映在卧眠空间的设计中尤其鲜明，伴随光线的多重演绎，沉静气息烘托出柔和基调，点点光色透过家私的温柔诠释，凝化为单纯却令人心动的舒适感，设计者特意简化不必要的色彩与装饰，回归内在精神的升华，表现悠容自在的禅境。

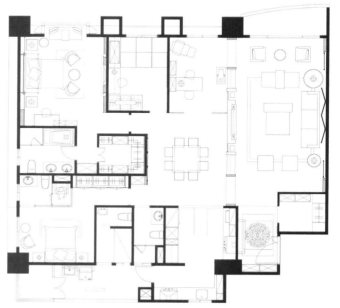

一层平面布置图

低调而洗练的古典语汇

Sample House of Xinrun Dufengyuan Quarter

设计单位：动象国际室内装修有限公司　　设计师：谭精忠

项目名称：新润都锋苑样品屋

项目地点：新北市新庄区

项目面积：307 平方米

主要材料：喷漆、镀钛、铁件、钢刷木皮、壁布、
　　　　　碳化木地板、石材、夹纱玻璃、
　　　　　灰镜、皮革

　　本案位处于新北市新庄区正都心精华地段，为拥有顶级地段、便利交通及完善生活机能的新建个案，是都会生活中理想的居住环境。整体空间运用低调而洗练的古典语汇，搭配内敛质感的材质与沉稳优雅的色调，形塑空间大器感。并以私人招待所的概念为出发点，营造出迎宾宴客的情境氛围，辅以艺术品点缀空间的独特性，缔造富有艺术人文的雍雅居所。

　　玄关以钢刷木皮搭配深色皮革的壁板造型，并在天花板运用相同的设计语汇，一致性的空间使人沉淀心灵，展开进入样品屋的序曲。空间以深色调来营造神秘感并辅以镀钛金属来做点缀，透过质材的折射平衡了较浓重的色调，并置放当代艺术画作，让玄关为漫内敛质感的视觉氛围。壁板造型与收纳空间结合，柜内另藏有兼具衣帽与鞋子的收纳功能，也具备了绝对的实用性。

由玄关进入客、餐厅区，映入眼帘的是结合客厅与餐厅的开放式空间，宽敞的空间展现百坪豪宅的气度，以低调洗炼的钢刷木皮壁板语汇来贯穿整个空间。开放式的轻食厨房更开拓了客餐厅的空间尺度，在视觉上也延续客餐厅的设计语汇，除了有岛台维持轻食厨房的机能外，另也规划艺术杯盘展示空间，在夹纱玻璃与铁件的衬托下让展示品更显出其特有性，不仅让轻食厨房与餐厅融为一体，也让轻食厨房丰富了整体空间的氛围。

主卧室的设计以舒适且大器的基调来呈现，在重点墙面皆以壁布及皮革为基底并在重点处运用铁件雷切割图腾内透柔和的灯光，呈现出主卧室的雅致与独特。另外在衣物收纳柜方面，除了运用钢刷木皮并且搭配皮革与灰境，不同材质的运用提升了精致度；而夹纱玻璃门片则呈现半透明质感并辅以柔和的灯光，营造出别于一般衣柜的视觉韵味。柜内实用贴心的的收纳机能，反映出优雅的生活模式。主浴室以石材演译高质感的空间并搭配顶级的卫浴设备，双柜面水槽与梳妆台完整整合，宛如置身高级饭店，并置放当代艺术画作来衬托空间质感；另外，在享受泡澡的当下，伴随落地窗辽望的开阔视野，也让晨曦之光引入到室内，让身心同时充分的放松与享受。

一层平面布置图

　　卧房 A 为沉稳、雅致、舒适的空间调性，整体空间以喷漆线板搭配壁布来呈现，并搭配深色钢刷木皮与铁件方管的运用，在细致的壁布与刚烈的金属间产生。更衣室除了收纳基本的衣物外，另也规画可置放棉被的空间。轻玻璃的柜面下即是不同大小的绒布格，手表手饰分门别类的收纳也可当作展示的一部分，实用贴心的收纳机能如精品专柜般的品味，反映出优雅的生活模式。卧房 B 则为较清亮的空间感，除了延续喷漆线板搭配壁布的调性外，在主墙面也运用大量的绷布并在细节上以皮革来处理，使得空间更多了一份舒适性。在重点墙面以当代艺术画作来点缀，呈现此空间专属的个性。

现代为形 中式为魂

Galaxy Nansha project by the A16 Villa sample House

设计单位：矩阵纵横设计　　设计师：矩阵团队

项目名称：星河南沙项目 A16 别墅样板房

项目面积：600 平方米

主要材料：爵士白、孔雀金、新月亮古、
实木地板、黑镜、灰镜

本案作为新中式主义的现代中式设计，不再以堆砌传统元素来刻意强调风格，而是将中式元素化为居室中看似不经意的点缀。现代为形、中式为魂是本案的设计精髓，经过现代改良的中式玄关、柜架、隔栅，撇去了传统中式的繁琐沉重，简化为更具抽象意义的符号，出现在各个角落内，往往给人意外的惊喜。

色彩上大量运用棕色、灰色和米色来展示中式风格的儒雅、沉稳，又混搭使用玻璃、金属等具有很强光泽感的材质，给传统中式融入时尚感。多处通透的隔断设计，不仅符合中国传统"犹抱琵琶半遮面"的含蓄美，又能起到分割空间和过渡作用。

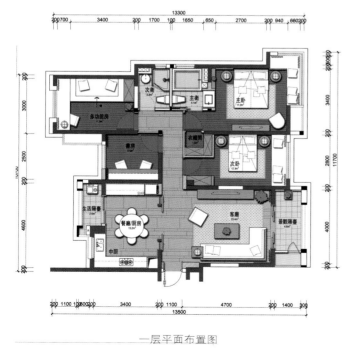

一层平面布置图

东方时尚
New Oriental Fashionable Inkel NDJ Ready House
设计单位：伏见设计事业有限公司　设计师：钟晴

项目名称：新东方时尚英桥帝景实品屋

项目地点：台湾省桃园县芦竹乡

项目面积：270.6 平方米

主要材料：天然大理石、玻璃、黑镜、
　　　　　版岩木皮、铁件（镀钛、镜面铁件）、
　　　　　木质地板、进口壁布、进口壁纸

　　以东方时尚为题，立于空间中，每步的驻足、仰望的视角，皆隐含机能与美感的平衡；客、餐厅形成对应空间，应用版岩木皮延伸两侧壁柜，完整包覆住隐藏式收纳柜体。

　　客厅沙发后方以雕花茶镜营造出柔和空间质感，电视墙面勾勒出古典线条，让空间中更显优雅，餐厅家具利用白色色系，更增添出空间的雅致与人文并存的风格；餐厅以黑镜为辅，增加空间感，摆设富含中国元素的画作，特地选用大理石桌与仿明式座椅，并以铝件吊灯为主要灯源，于木质空间含入金属原素。

书房则以落地格栅书架，利用铁件造型框架，使视觉印象增添律动性，并利用空间优势，保留大面采光，自然光线让主人在阅读时，能拥有更舒适的休息时光；卧室延续木质色调与手法外，主卧筑起仿海岛床框，利落线条也是东方元素的重要呈现；次卧以简约、低调的木件，并保留空间的最大值；卧室则以银灰色的几何图腾壁纸铺满满室，带入天空蓝的色系，让进入空间时，感受到轻盈的年轻气息；此设计中，每个空间、家私及界面扭转了调性，完美打造出兼具修养、内敛、涵养的居住环境。

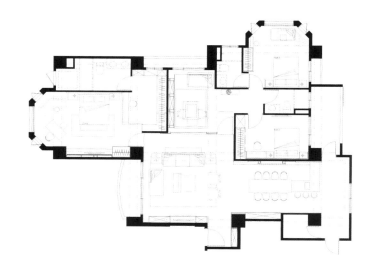

一层平面布置图

简约中式的精致表达

Changsha. Vanke phase III H-C-Jin Yuhua House open house

设计单位：HOT CONCEPTS   设计师：周达星

项目名称：金域华府三期项目 H-C 样板间

项目地点：长沙

项目面积：231 平方米

简约中式是细节上精致卓越的追求，是舒适愉悦的氛围，本案顶楼特色户型的设计再次突出了空间的功能性，墙面线条的流畅演绎出一股汹涌的潮流，而手绘墙纸的选择为房间的设计增加了几分优雅。

现代中式风格不再和古老、呆板画上等号，取而代之的是亲近自然、朴实、亲切、简单却内藏丰富意涵。室内空间设计与建筑外立面的保持一致性，室内空间与现代建筑空间的配合，与现代美学观的配合，与现代设计观念的配合。其简洁明快的线条及耐人寻味的内敛间，改写一般对中式古色古香、雕梁画栋的刻板印象。从简洁中突出家的和谐。本案简约中式风

格的材料选用为：手绘墙纸、核桃木饰面板、木纹石等来满足设计需要，来展现简约中式风格。

进入室内玄关，墙面的壁纸及中式花格即能凸显玄关的装饰效果，设计师采用园林设计的的借景与中式花格的通透性可以直接看到客厅效果，有开敞的视觉效果，又凸显了使用的功能。门厅与茶室的贯通设计业给整个空间带来不一样的视觉感受，墙面的核桃木饰面前面来体现现代中式的木做韵味。门厅的公共空间的古筝摆设，古筝与茶室的搭配把中式的风格体现的淋漓尽致。让人一下回到古时吟诗作画的意境之中。是会友品茶的一个惬意之地。茶室墙面的多宝格设计有了充足的空间摆放茶具及一些中式风格的装饰物品。这样的设计给人有种现代中式的文化气息。直接的表达了设计主题。

客厅与餐厅的设计根据原有建筑功能的划分，在一个统一的大空间之中，客厅的主要在电视背景墙上，深色的胡桃木饰面加手绘的中式水墨墙纸来表达设计主题，深色的家具与墙面的色彩相呼应，顶面的竹节灯的细节设计加强了主题表现。表现手法到设计主题给人你一个文化的客厅。

父母房的采用淡墨的意境主题，床头背景采用软包与镜面设计，软包的图案为中式的回字纹设计，墙面的素色壁纸，利用雅致的软装来点缀空间。来满足功能的需求及装饰效果。

　　小孩房以国色为主题，渗入多种雅致的设计元素，国色的扪布配上同色系的质感墙纸，流线的造型，营造出层次丰富，增添雅致舒适的空间，使得空间跳跃灵动，还能对比出空间的立体化，多线条的贯穿，将中式情调呈现无遗。

　　主人卧室设计采用套房的设计形式，流通的空间设计给有宽敞的，木材为首选。床头背景和衣帽间，巧妙的运用胡桃木加上精巧的镂空隔断卫生间及主卧、卫生间及衣帽间，墙身用了带有深色的墙纸，凸显中式韵味，浴室主题墙用了木纹大理石加上窗边的木质隔断，使得主人的卧房处处流露着中式韵味。衣帽的的中式夹丝玻璃特破传统的门板设计。及不违背现代中式的味道又起到新型材料运用。来体现现代中式的气息。

　　四楼阳台增加了儿童活动区和休息区的功能，给了儿童足够的活动空间及家庭聚会的休息平台，利用建筑的原有格局使是但各具魅力，休息区采用无屏蔽形式设计以自然为背景，地面采用中式园林常用材料，青板石铺贴。与室内形成有相互呼应。在儿童活动区墙面采用绿色植物设计，改善室外空气环境及视觉效果。体现了与自然亲密的接触感觉。

摩登中国
Modern China
设计师：刘非

项目地点：河南南阳市
项目面积：300 平方米

　　本案作品将摩登时尚与厚重中原文化有机结合，打造一种全新的东方式生活方式。

　　在设计上，采用经典的黑白拼，再现了欧洲贵族生活的奢华，但此次主体环境确是以中式为背景的。在空间布局上面，扩大了餐区的有效使用面积，增加了大露台等空间功能。作品在设计选材上，使用了木质地板的黑白拼色，及融合当地汉画文化的护墙板定制。作品给使用方提供了一种全新的生活方式。

一层平面布置图

二层平面布置图

犹梦依 稀淡如雪

Dream vaguely pale as snow

设计单位：萧氏设计　设计师：萧爱彬

项目名称：水月周庄

项目地点：江苏周庄

项目面积：300 平方米

本设计一方面保留了传统东南亚风格的元素，另一方面加入现代材料的软硬对比，将东南亚的禅意与现代空间手法熔炼于一体。进门即是敞开式西厨，利用统一的饰面从顶面至入门鞋柜强化西厨与门厅的空间关系，使面积不足的空间借由"分享"视野来放大住宅格局。透过纱幔若现的禅意雕像静立在客厅主入口。步入下沉式客厅，阳光投射，树影婆娑，芭蕉树影透过纱幔投射地面，安谧参禅的氛围尽现眼底。餐厅大面积的落地窗借以庭院绿林景色，呼应室内固定盆栽，形成自然写意的生活情境。

本案注重建筑内部与外部环境的衔接。在通风采光得到优化的同时，栅格、纱幔的围合遮挡又确保了可放松身心的空间所必备的私密性。装饰材料上应用原生态的木饰面及文化石、砂岩石，搭配纱幔、棉麻布艺等，尽可能拉大材质间的对比，从而更为强调出从古至今东方风格的转变发展，并营造出静穆平和的禅性意味，谦静自若。

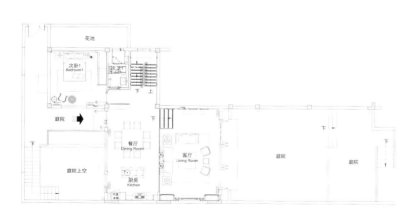

一层平面布置图

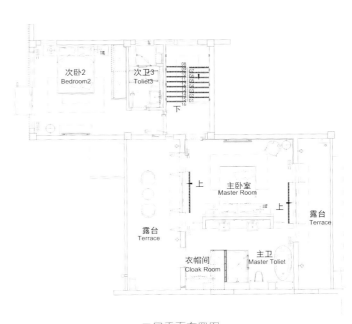

次卧2
Bedroom2

次卫3
Toliet3

主卧室
Master Room

上

上

露台
Terrace

露台
Terrace

衣帽间
Cloak Room

主卫
Master Toliet

二层平面布置图

静聆风吟

Still hear the wind sing

设计单位：福州创意未来装饰设计有限公司　设计师：李靖桥

项目地点：福州泰禾红树林

项目面积：180 平方米

主要材料：方钢、浅灰色玻化砖、得高软木

每个人的心里都装着一个关于家的梦想，看着城市中亮起的万家灯火，只有家的温暖最贴近我们的心灵。"静聆风吟"是一位儒雅成功人士对自己寓所的期盼，因而新东方淡淡散发的内敛尊贵和淡定的从容的空间气质是设计师要表达的空间目标。

平面动线上的规划；将原有的入户划归为餐厅空间，做到餐厅和厨房空间的直接互动，引入了光线和通风。客厅区域和半敞开的书房空间最大限度的容纳了家人沟通互动的空间场景。

空间气质的表达；2700 摄温的暖色灯光；直线造型的空间规划整合，材质单一性和变化性的整合，在

肌理质感和色彩的协调下构建的空间的骨架；而河流沉淀树木的抽象画，"静聆风吟"的屏风，紫砂茶道等在空间中弥漫，潜入心里，诉说新东方的空间气质意境。

一层平面布置图

雅致与明快地交融

Fujian-Fuzhou scholar family Crouching Tiger 2

设计单位：广州华浔品味装饰福州分公司　　设计师：黄育波

项目名称：福建福州 – 大儒世家卧虎 2#305

项目地点：福州

项目面积：130 平方米

主要材料：蒙托漆、仿古砖、木皮

设计师让一种从未邂逅的生活模式改变着人们的居住观念，使人不由自主地进入它所营造的意境之中，也正是新东方风格的锐意表现。

在这个新东方风格的家居设计中，创意与功能兼得，传统与现代并存。

在设计渲染下，整体环境显得"矛盾"却摩登十足，颇有朴素中见卓识的意味。这种"协调并冲突"的风貌总能找到一个个落脚点与主人产生共鸣，不会让人与空间产生距离感，反而给居住带来诸多乐趣。

八角窗等中式符号被巧妙地运用在空间中，唤起文化的记忆，而色彩鲜明的现代椅则以另一种理念丰富着空间的视觉层次，使得传统的雅致与现代的明快和谐地交融，诠释出崭新的东方风韵。

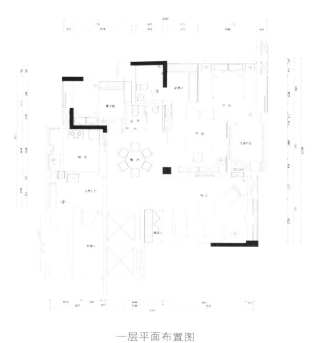

一层平面布置图